三遠南信地域連携ブックレット

3

市民活動による森づくりの試み

原田敏之・森田 実

［目 次］

表紙写真・コメント（写真提供：穂の国森づくりの会）

【左上】

訪問授業：（蒲郡市立西浦小学校）撮影日 2007 年 6 月 28 日

【右上】

穂の国森林祭 2005　国際森林環境フォーラム 2004：

（新城文化会館）撮影日 2004 年 2 月 20 日

【中央】

第 29 回体験林業：（豊根村にて）撮影日 2000 年 10 月 14 日

【 下 】

豊川：（豊橋公園から豊川《とよがわ》、本宮山を望む）

はじめに

「穂の国森づくりの会」が一九九七年に発足して、すでに一〇年が経過しました。一〇年という数字の上での一つの区切りのように思えますが、実際のこの期間は、森林に関するさまざまなものが文字通り大きく変化しました。例えば、独立会計方式から一般会計一部導入へと林野庁は運営体制を根本的に見直して再出発する大改革が実施され、その波紋はさまざまな分野に広く影響をもたらしましたし、二〇〇一年に改定された「森林・林業基本法」は、森林に関するそれまでの考え方を根底から切り替えるものでした。そして、かたや市民による活動は急激にその数が増え、量ばかりではなく質的にも大きな変貌を遂げていきました。

そのように状況が大きく動いていく中で、一つの地域という単位で活動を進めていった穂の国森づくりの会の動きは、この変化の流れを受けつつ、同時にその流れの先端を進むという側面も多く持っていました。

また、本文の中でも紹介しますが、穂の国森づくりの会は全国の森づくり団体としては特殊な、「森を地域の問題として考える」という立場を前提として掲げ、進めてきています。そしてその「地域」の広がりの想定を豊川の「流域（圏）」としており、このような大きな特性を持つことによって、さまざまな手掛かりを得、一定の成果を打ち出すことができるのではないか、と見ることができます。

一〇年という区切りを機に、これまでの内容を少しばかり整理し、検討を加えてみることによって、今後の梶取りの方向性がいくばくかなりとも見えるようになれば、との思いでまとめてみました。

また、まとめるにあたっては、事業のうち、普及啓発に関する分野を森田さんが担当し、フィールド事業と問題提起に関わる分野を原田が分担しています。

紙幅の関係から、とても十分な作業ができたとは思いませんが、皆さんにとって何らかのご参考の一助になれば幸いです。

原田　敏之

「森」への市民活動のかかわりかた

原田　敏之

森づくりの動き

▼森林への市民活動のはじまり

「森林ボランティア」という言葉は、今では当たり前のようにいろいろなところで使われていますが、言葉として定着したのは一九九〇年代に入ってからのことです。

それ以前の一九七〇～八〇年代、国内では抵抗型の運動や「森のためになることをしよう」という組織的な動きがポツポツと始まっていました。富山県で始まり、現在も続けられている「草刈り十字軍」や、東京都の奥多摩地区で、台風による災害や雪害を受けたスギ林の手入れをしようと活動を始めた「森林クラブ」や「花咲き村」などがその例として挙げられます。

この時代の特徴的なことは、森林と言えばスギやヒノキ、あるいはカラマツなどの人工林のことを指し、山で何らかの作業をすることは即ち経済活動である林業目的のための施業《せぎょう》をすることであり、市民の活動はその手伝いをする、という性格のものでした。

最近になって強く言われているような間伐遅れなどの管理上の問題は、一九六〇年代からの拡大造林期に集中的に植栽されたものが約二〇年ほど経った頃で、まだ間伐適期を迎えたばかりでしたので、大きな問題になっていませんでした。

そして、人工林に対する天然林、つまり広葉樹の価値を見直そうとする動きや、森林の持つ環境面からの関心などについては、市民の活動からはあまり注目されていない状況でした。

その頃、豊川流域では豊川用水が完成して約一〇年が経ち、その水利用による成果が顕れはじめ、下流側の受益地域と上流側との経済的格差の問題が叫ばれ始めていましたが、そこから森林の問題に議論が及ぶということはまだありませんでした。

▼都市近郊——里山

一九九〇年代に入り、バブルの騒ぎも収まった頃になると、森林をめぐるいろいろな話題が拡がってきました。

まず、全国での急激な都市化の波が一段落してみると、身の回りに残された「自然」がいかに貧弱かつ脆いものであるか、ということについて、主として都市生活をしている人達が気付くようになってきました。例えば当時、ヨーロッパで酸性雨によって森林が危機的な状態にあることが大きな問題となり、生態系というものの脆さにはじめて注目する、というようなこともありました。

このような雰囲気の中で、まず目が向けられたのが、都市に住む人たちの身近な「自然」の状態に関するもので、それらは都市開発からかろうじてまぬがれたものであって、少し以前までは雑木林と言われていたような場所が中心でした。つまり、天然性の広葉樹林です。

当時、人びとはそのようなところは貴重な「自然」だとばかり思い込んでいたのですが、実はつい三〇年ほど前まで、暮らしの必要から木を伐って燃料にしたり、草を刈ったり、落葉を集めて肥料として田畑に入れたりしていたところが、石油を中心とした「燃料革命」や「肥料革命」などを経て使われなくなり、そのままになっていたところなのであって、よく見てみたら樹木が大きくなっているだけでなく、大変な藪の状態になっていることがわかり、これは「手入れが必要だ」ということになったケースが中心でした。

このようにして全国の都市近郊林に目が向けられ、さまざまな「市民による自主的な手入れ」が広がり、「里山再生」という言葉も生まれました。そしてこの動きにはそれぞれの地方自治体も関心を寄せ、徐々に行政の側から市民に呼びかけるケースが目立つようになっていきました。また、それ以前までは山の木を伐るどころか草を刈るのでさえも「自然破壊」だと思っていた当時の都市住民たちの感覚も、少しずつ変化しはじめたのです。

こうした動きの中で注目すべき点は、人々が初めて山に入り、伐木などいろいろな作業をしてみて、さまざまなことに気付かされたということです。

まずその一つは、意外にも作業することそのものがとても「楽しい」ということでした。それは日頃めったに体を動かす機会がなく、仕事といえば机に向かっているだけ、というような生活が当たり前になっている人たちにとって、とても新鮮な「汗」でもありました。そして昼食時などに、集まったメンバーたちの会話が何故か弾み、弁当が美味しく感じられるのも、素朴な「楽しさ」として共有されるようになっていきました。

次に、作業の間、何故か夢中になって雑念が全て消え去ってしまうことの驚きが共通して感じられていました。刃物を使って作業をするわけですから、よそごとなどを考えながらではいけないと言えばそれまでですが、不思議と時間の経つのが速く感じられるのです。

そして最後に、最も大切なことですが、いかに自分の生活が「自然」とかけ離れたものになってしまっているか、ということに愕然としながら気付かされます。伐り払った木の跡、明るくなった場所には次の春にはいろいろな草花が登場し、昆虫を見つけたりすると、頭の中では当然のこととわかっていても、実際に見るのは初めてのことばかりという嬉しい驚きの連続なのです。

そこから、この木は何の木？　花の名前を知りたい、鳥の集まるところは？　などの興味が湧き、そんな人達の中から、ちょうど一九九二年から始まった「森林インストラクター」の資格試験への受験者が続々と登場していったのです。

おまけになりますが、こうした活動が自発的に進められたものだったため、作業をするにも企業的「組織」に縛られるものではないところに新鮮な味わいを感じる人が多く、定年退職をした人たちからも強い関心が払われることになっていきました。

そして私も、これらのことを体験として大いに感じた者の一人です。

▼人工林問題

同じ頃、人工林に関する悲観的な話題も広がってきました。一九六〇〜六五年頃をピークとする「拡大造林」の時代に植えられたスギ、ヒノキ、カラマツ林が、間伐適期を過ぎようとしながらも、なかなか手が付けられていないということについて、多くの人たちが気付くようになってきたことによります。

写真1　未間伐による表土露出の状態

人工林については、ご存知の方も多いと思いますが、植える時には苗木と苗木の間隔を狭くして一定の面積当たりの密度を高くし、育てながら間引き＝間伐をしていくという方法をとらなくてはなりません。ところが、その間伐をしないと、成長期にある木々が満員電車状態になり、個々の木がモヤシのように弱くなってしまうだけでなく、地表面に光が入らず暗くなり、草も生えないようになりやすく、そうなると地表の土が雨で流されてしまったり、土砂崩壊の心配が出てくるようになります。また、降った雨は地中にしみ込まず、そのまま地表を流れてしまうので、水源涵養の能力も低下してしまいます。

当時、実際に全国各所で台風による風倒の被害や、降雪の際に積雪に耐えられず広い範囲で折れてしまうという被害などが相次ぎ、不安が一層高まっていきました。

この時、森林管理を手遅れにさせる大きな要因が重なっていました。林業不振です。木材の価格が安価な外材（現在は外材が決して安いわけではない状況に変わっています）に押されて低迷し、さらに、細い間伐材（小径木）が昔のような用途がなくなったために、間伐作業による収入が見込めなくなり、手入れが一向に進まないという状態に陥っていました。

一方、この頃には国有林も例外でなく経営が厳しくなって、それまでの独立採算が維持できなくなってしまっており、思い切った改革が必要だと叫ばれていました。

このようにして人工林に関する諸問題が表面化したのに対して、自主的な活動を始める人達も徐々に全国に広がっていきました。その活動の内容は当然、間伐や枝打ちをはじめとするさまざまな育林作業を伴っていきます。

また、この当時は大きな背景として三つの新しい要素が強調されるようになってきました。それは、

①森林に端を発する諸問題が、地球環境の議論と結びつくようになってきたこと
②人工林の管理遅れの問題が、山村の疲弊との関連で語られるようになってきたこと
③広葉樹の良さを見直すことの反動として、人工林否定の考え方が強まり、スギやヒノキが眼の仇にされるような傾向が目立ってきたことです。

このような動きの中で、当時の豊川流域では、上流部の経済的不振が林業の弱体化に起因すると考えられ、奥三河の中心的要素である林業を活性化することの必要性が叫ばれていました。そして設楽ダムの計画に対して反対してきた水没予定地域の人たちにも、反対のエネルギーを失っ

ていく様子が見受けられるようになりました。

しかしながら、間伐遅れなどの人工林の問題は、比較的早い時代から林業に取り組んできた土地柄だったゆえに、他の地域ほど強く表面化せず、市民たちによる直接的な行動は登場していませんでした。

▼市民運動の社会化

一九九〇年代も後半になると、市民によるさまざまな活動の内容に大きな変化が顕れてきました。

その大きな契機となったのが、一九九五年に起きた阪神大震災です。この時、多くの市民が自発的に救援活動に参加したことが話題となりました。そして、その時の経験から、集まってきた人たちに効果的に動いてもらうためには、さまざまなノウハウが必要だということ、そして場合によっては行政の組織的な動きよりもボランィアの自発的な行動の方が効果を発揮するなど、多くのことを市民たちは学びました。

そこから熱心な議論が生まれ、一つの結果として、市民の活動を社会的に位置づけ、支援するための法律、「特定非営利活動法（NPO法）」が一九九八年に成立しました。その後、活動を法人として組織化し、規模を大きくして「事業」として運営するNPO団体が全国で急激に増えていったのです。当然、森林に関係する分野のNPOも登場しはじめました。

一方、林野庁の森林経営は一層困難になり、国の特別会計という形を維持することは不可能だと判断されるに至って林野庁改革が断行され、一般会計を一部導入するということになりました。このことは、森林に関するそれまでの考え方を根本から変えていくことにつながります。つまり、それまでは、森林は所有者の権利に基づいて、全ての管理責任や利益は所有者にあるという考え方を基本としていましたが、森林の持つ多面的機能、つまり水源涵養や土砂流出、森林浴などの保健的機能などは国民全員が享受できるようにするべきであり、そのような環境的側面の機能を高めるためには国税を投入するべきだということになったわけで、森林は国民全員のためのものだという考え方を、国が証明することになり、その結果、所有者だけのものではないことになったのです。

このような大きな動きを背景として、市民の活動も一挙に組織的かつ社会性を帯びたものになっていきました。森林の分野でも、個人として間伐作業に参加するというだけにとどまらず、いかにして社会的に影響を与えるか、というところに少しずつシフトしていき、単なる活動ではなく、組織的な「運動」と意識される面が打ち出されるようになりました。

例えば、少し前の事になりますが、東北地方の気仙沼で牡蠣養殖を職とする漁民、畠山重篤氏が「森は海の恋人」というスローガンを旗印に、地元の漁民に呼びかけて組織的な植林活動を一九八九年から進めていました。この森林と海をつなぐ新しい発想が一九九四年の受賞をきっかけに知れわたり、全国の森づくり活動に影響を与えていったのも一九九五〜九六年のことでした。

また、信州大学教授を終えられた島崎洋路氏が、市民を対象として森林整備の方法を伝授する「ＫＯＡ森林塾」を開始したのが一九九四年で、その後、熱心な受講者が各地から続々と集まり、卒業者たちは数年間のうちにさまざまな地域でそれぞれの組織を作り、人工林を中心とした整備の活動を展開するようになりました。この塾は、市民の活動を単なる作業とせず、それぞれの現場に応じた対処の仕方を基礎から始めて幅広く身に付けるというもので、理論と実践を合わせて進めるところが画期的でした。

さらにもう一つの例を挙げると、山梨県の清里で、キープ協会が、一九九〇年頃から森林をフィールドとした自然教育のメニューを数多く創り出してきていましたが、それに触発されるかたちで、小学生、親子、大学生、企業などさまざまな対象を想定した「環境教育」事業を始める団体が一九九六年頃から急激に全国に広まっていきました。

また一つの典型例として、一九九五年には「森づくりフォーラム」という組織がスタートしています。これは東京で活動していたいくつかの団体が「市民参加の森づくり」という共通のテーマのもとに集まり、単独の団体では扱うことができないようなテーマ性のある事業を進めるための一種の協同組織として結成されたものです。

森づくりフォーラムはその後、一九九六年には、（社）国土緑化推進機構に協力する形で「第一回森林と市民を結ぶ全国の集い」を東京で開催して、千名を超える人たちが全国から参集して活発な議論が展開されるという状況を生み出し、全国を対象とするネットワーク組織として展開を進めるようになりました。この「全国の集い」は、その後原則として年一回のペースで、大阪、広島、群馬、北海道などと場所を変え、二〇〇五年の愛知万博の年には、県内で活動する団体が集まって作った「森林と市民を結ぶ全国の集いｉｎあいち実行委員会」が主催して、「愛知県民の森」などを会場として愛知県で開催されています。

この「全国の集い」は、その成果の一つとして、開催したそれぞれの地域には、開催当時の運営を担うために集まった複数の団体が地域ネットワークというかたちで、それぞれの地域の特色を見せながら、現在も連携体制を残してきています。

そして、森づくりフォーラムも、当初は任意団体としてスタートしましたが、ＮＰＯ法が成立するとともに、二〇〇一年一月にＮＰＯとしての法人登記をしています。

豊川流域での動き

▼「穂の国森づくりの会」発足

同じ頃に、東三河地域でも動きが始まりました。一九九六年に豊橋を中心とした青年会議所の人たちが準備を進め、一九九七年四月に「穂の国森づくりの会」が発足しました。

この会は、全国のさまざまな運動が質的変化を遂げつつある状況の中でということと、青年会議所の人たちが発足準備をしたという点から、それまでの他の多くの森づくり団体とは少し性格の異なるものになりました。というのは、当時の全国の多くの団体の性格は、「森林そのもの」に対してどうするかという出発点があり、それに参加する人たちは、多くの個性的な違いはあるにしても、大なり小なり自分の「生き方」の一部としての行動をする、という認識でくることができるように思います。中には、それまでの職業を投げ打って山仕事に専念している人たちも多勢います。

それに対してこの会は、最初から対象地域を「流域」（または流域圏）と決め、そこでの地域

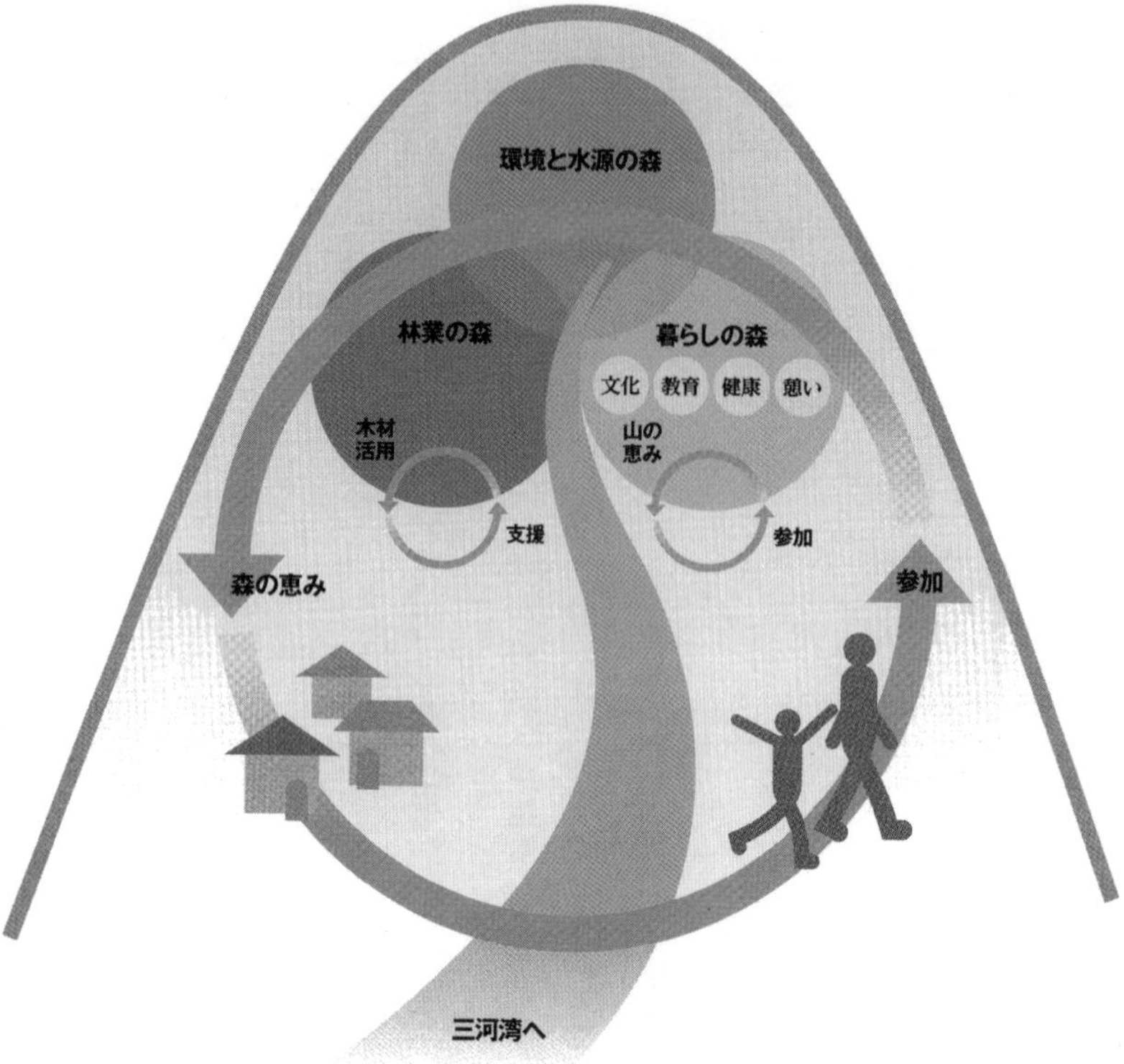

図1　穂の国森づくりの会がイメージする流域の循環

をどうするかということが出発点で、森林はその地域問題での中心的な役割やシンボリックな意味合いとして考えられています。因みに、この会の定款に定められている目的の部分では、「かつて穂の国と呼ばれた東三河の森林の公益性と豊かな伝統を確認し、流域市民、企業、行政のパートナーシップのもとで、東三河の森林の保全、育成、再生等を通じて循環型地域社会の実現を図る」とうたわれています（図1）。

そして、このように主たるテーマが流域を単位とした「地域問題」であるがゆえに、市民だけでなく、地元の多くの企業や地域の森林組合、商工会、農協などが会員として参加し、行政側の各市町村も賛助会員として共同歩調をとるしくみになっている点などは、他の多くの団体には全く見られない大きな特徴となっています。

穂の国森づくりの会は発足すると、

①実際に森林に出向き、何らかの作業を通じて森林や林業への理解を深める。

②学校などを活用したり、直接市民に呼びかけたりして、森林の大切さなどを普及することに努める。

③森林を中心とした、地域での諸問題を取り挙げ、検討して、解決のための地域政策を提案する。

の三つの部会を組織し、それを事務局がまとめる形でいろいろな事業をスタートさせました。そして、NPO法が成立したことを受けて、すぐに検討に入り、申請の後、二〇〇〇年九月にNPO法人としての登記を済ませて現在に至っており、二〇〇七年六月の総会では、発足後一〇年が経過したことを記念して、各方面でご協力いただいた方々(主に団体や企業、行政組織)に感謝状贈呈のセレモニーを行いました。

ここで右記の三つの部門ごとの事業の主な展開についてご紹介しますが、②の部門については森田さんがまとめておられますので、①と③の部分について触れていきます。

▼体験林業

三つの部会組織のうち、①については、「フィールドワーク部会」と称していましたが、途中から「森づくり部会」と名称を変更して事業を続けてきています。

まず、発足当初から「体験林業」をスタートさせました。これは原則として月一回のペースでイベントとして一般市民に呼びかけ、奥三河（豊川上流部）各地に出向いて、人工林を対象として間伐や枝打ち、下刈りなどを体験し、森林への理解を深めていこうとするもので、当初は各市町村にある森林組合と連絡を取り、それぞれの地区で適当なフィールドを選定してもらい、その現場での必要な作業を実施していました。そして当日の現場での作業指導も、その地域の森林組合に依頼する形をとっていました。しかし三～四年もすると、後で説明する「プリティフォレストクラブ」の活動の充実などによって、フィールド確保も技術指導も、かなり自前でできるようになり、現在では森林組合の協力を得て行うのは、取り組みに積極的な一部の地域に限られるようになってきました。また、愛知森林管理事務所の協力を得て国有林をフィールドとして利用したり、愛知県有林事務所との共同により、「愛知県民の森」で実施するものなども継続的に続けられてきています。

写真２　体験林業

そして二〇〇七年からは、一〇年間続けてきたことを区切りに、人工林ばかりでなく森林全体を対象とするようにして内容を拡げるべきだという考えから、「穂の国森の自然塾」と名称を変更しました。もうすぐ通算で一〇〇回の開催を数えることになります。

▼プリティフォレストクラブ

「体験林業」を開始すると間もなく、リピート参加する人たちから自発的に声があがり、継続的に作業を続けることのできる固定的なフィールドを用意して、計画性と責任を持った活動をしたいということになりました。その自主的な呼びかけに応じて集まり、サークル活動的な形としてできたのが「プリティフォレストクラブ」です。会発足の翌年、一九九八年のことでした。

クラブの活動を開始し、これまでに多くのフィールドを手掛けてきましたが、一貫してこだわってきたことは、めざす森林の姿、これを目標林型と言いますが、それをできるだけ明確にし、メンバーがこれを共有して進めようということでした。

例えば、最初に取り組んだ東栄町の「未蕾の森」は、「有用広葉樹を育てる」という目的で、およそ〇・七ヘクタールに約三〇種類の広葉樹を植え、育林作業を続けています。

次のフィールドは設楽町の「田峯の森」で、スギ、ヒノキの混植人工林ですが、二〇年以上手を入れていない「管理放棄」の状態でしたので、これを間伐中心の整備によって長伐期、（ここの場合は伐期一〇〇年以上）の安定した状態（水源涵養機能と土砂流出防止機能を高める）をめざすとともに、野鳥が集まりやすいように下木を整えようということにしました。二〇〇〇年に第一回の間伐を実施しましたので、そろそろ二回目の間伐予定を検討する必要があると考えています。

三つ目は、前二つのような民有林ではなく国有林で、「ふれあいの森」制度に基いて協定を結

写真３　田峯の森

んだもので、設楽町段戸地区の原生林「きららの森」に隣接するフィールドでしたので、ヒノキの営林地でしたが、管理者の愛知森林管理事務所による計画を、循環林から風致林に変更していただくよう要請し、隣の原生林と同様の森林構造をめざすこととしました。この「穂の国みんなの森」での活動はいろいろな方面から注目を受け、紹介されたりしていますので、ご存知の方も多いかと思います。計画変更手続き終了を待って二〇〇一年から作業を開始し、現在は除伐や生育調査を続けていますが、多種類広葉樹の同時育成という分野での多くのノウハウを積み上げつつあると思っています。

そのほか、幾つかのフィールドを活用してきていますが、いずれも長期の見通しを立てる、あるいは目標林型を明確にするということを大切にしており、その点では、後で述べるように、全国で単なる思い付き程度の計画で活動をしている団体があったりすることが問題になるようなケースとは、一線を画しているのではないかと自負しているところです。

写真４　きららの森

▼指導する立場

プリティフォレストクラブはゆるやかなサークル的組織で、メンバーの入れ替わりがかなり多い方ではないかと思いますが、徐々にいろいろなことを身につけてきています。中には、クラブの活動だけではあきたらず、間伐支援隊を組織して森林組合の作業班の一組織として頑張っている人や、他の団体での中心的メンバーとして活躍している人達も増えてきています。しかしこれらの人達も暫く顔を見ないと思っている頃に、ひょこっと「久しぶり」と言いながら顔を出したりしてくれる時には、大変嬉しい気分になります。

また、多くのことを学んできたわけですが、その先生役として最も重要な役割を果たしてくれたのが、東栄町に住む工藤和美さんです。彼はすでに四〇年以上にわたって山仕事を続けてきた人で、名人ワザを数多く持っている貴重な存在であるだけでなく、スギ・ヒノキのみならず広葉樹の分野に関する知識も豊富という勉強家でもあり、同時に地域の問題にも関心を寄せながら、チェンソーアートクラブの会長も務めるなど、活動的な人で、楽しくいろいろなことを教えてもらってきました。

おかげでクラブの面々も、各自がそれぞれいろいろなこだわりを発揮しながらも、全体としての技術レベルを上げて行くことができました。その結果、先に述べたように、「体験林業」で作業指導をこなすようになっただけでなく、森田さんの報告にある「小学校野外体験授業」でも、児童たちへの親切な先生役をこなしてきています。その他にも、二〇〇二年~四年にかけて、県と市による「緊急雇用対策事業」をそれぞれ受託しましたが、その時、雇用を通して集まってきた人たちに対する作業指導と現場監督はクラブのメンバーでほとんどこなしました。因みに、この中で、豊橋市からの受託事業は市内の赤岩山の整備で、工藤さん自身が指導を務めてくれましたが、ここでは人工林の整備だけでなく、穂の国森づくりの会としては初めての、里山整備という要素の場面もあり、この分野での実験的な取り組みということも経験しました。

とは言っても、このクラブそのものは専門家集団をめざすものではなく、ちょっと関心のある人は誰でも出入り自由という方針を続けてきています。従って、先程の例に出たように、間伐支援隊などとして現場作業の専門家になろうとする人もいますが、その場合はまた別の活躍の場を用意しようとしてきていますし、逆に、ノコギリを持つのは三〇年ぶり、というような人、野山を歩くのが好きな女性など、さまざまな人が気楽に集まりやすい形をとってきていますので、全員がハイレベルの技術を駆使して組織的に成果を挙げるというような作業内容ではありません。常に初心者が中心となるように心がけているのです。

▼アドバイス事業

ところで、単なる作業技術だけでなく、目標林型を決めて施業の計画を考えることの工夫を重ねた結果、いろいろな人たちからの相談を受けることが増えてきました。例えば、豊橋市南部から田原方面に拠点を置き、農業関連分野の事業を展開しておられる企業、イシグログループさんは、旧鳳来町の門谷地区の民有林約二ヘクタールを借地契約し、広葉樹中心の造林活動を社員の活動で進めていますが、計画の段階から協力を続けてきています。また、豊橋市に本社を置くガステックサービス㈱さんには、設楽町の大野山に約五ヘクタールほどのフィールドを斡旋したところ、社有林として購入することになりました。その後、自然林を社員の手で造ろうという

「サーラの森」活動に、アドバイスしながらお手伝いしています。

企業以外には、蒲郡市にあるキリスト教会が設楽町名倉に購入した森林についても、将来の仕立て方などについての助言を行ってきており、また愛知県企業庁が設楽町清崎地区に所有する森林については、当面の管理方法などについての話し合いを続けてきていますが、三〇ヘクタールにも及ぶこの森林について、できれば総合プランのようなものを作成できれば、と準備を進めているところです。

写真５　サーラの森

そのほか、個人的にも「親から相続して持っている山があるのだが、どうすればいいか」、「持っている山を寄付したいのだが、適当な先はないか」、「山を買って所有したいのだが、手頃な物件はないか」などいろいろな相談が舞い込むようになってきており、そのつどわかる範囲での対応をしてきていますが、今後このようなケースはさらに増えていくのではないかと考えています。

そして、企業に限らず、もっと多くのさまざまな団体が組織的に森林に関わりを持つようになっていくことはとても大切なことですので、それぞれに対して、今後一層効果的な協力関係を作っていきたいと考えています。

写真6　「穂の国みんなの森」生育調査

▼現地状況診断

ところで、以上のようにさまざまな場面に対応することになり、その多くのケースが、どのように森林を仕立てていくべきか、という課題に対処することになるわけですが、その答えを出すために最も大切なことは、言うまでもなく、現地の状況など、さまざまな観点からの情報とデータを集めることです。そのうちで特に直接的なデータを収集できるのが、植生調査です。

その点では、素人ばかりの集団（森林インストラクターという専門家はいます）が能力を身につけるのに、大いに役立ったのが「穂の国みんなの森」です。このフィールドでは、原生林と同じ樹種構成にするために、現地に自生してくる全ての種類の樹木を活用する必要があるので、それらを見分けていくうちに、メンバーはみな、最初は植物を見分けるのは苦手と言っていた人たちも、かなりの樹種を見分けることができるようになっていきました。さらに、それら多くの種類が混ざる中で、それぞれの生長速度が違うことを確認し、陰樹系の高木類を優先的に生長させるための処置を講じていく中で、それぞれの樹木の持ついろいろな特性を知っていくことができたのです。

おかげで、わが国では学術レベルでもまだノウハウが確立できていないと言われる、樹種混成の広葉樹林における仕立て方法について、少しずつ手がかりが得られているように思います。

このようにして、試行錯誤の結果、他の森林に対応する場合でも、例えば広葉樹林が対象であれば、現地調査から始めて状況を把握した上で、長期的な目標を立て、そのための仕立て方を組み立てることが、ある程度できるようになったのです。そしてここに至るまでには、多くの研究者の方々とのさまざまな出会いやお付き合いができたことも幸いでした。

とはいっても、実際には、シカによる食害対策を考えなくてはならないなど、当初には想定していなかったようなことがいろいろあり、まだまだ身につけていかなければいけない課題が山積しています。

写真７　林分調査

一方、人工林については、管理の方法について、一般理論としてすでにさまざまな説明がなされていますので、それらの記述を参考にしながら、そして工藤さんを始めとした現場経験の豊富な方々に教えていただいて、実際の作業を通じての経験を積み重ねてきました。そして、後に説明する「東三河環境認証森林」の制度を確立するための一環として、森林の状況を知るための調査、「林分調査」を実施することが不可欠になってきましたので、この調査を繰り返していく中で、状況や目標林型に合わせた管理計画作成について、一通りのことはできるようになりました。

しかし、複層林や混淆林への効果的な誘導方法など、チャレンジしていかなくてはならない課題は山積みしています。

▼広範な課題

このようにして、プリティフォレストクラブは技術面や計画作成面での積み重ねをしてきましたが、このことは、全国での多くの団体が活動を広めている中で、重要な要素を持っていると思われます。というのは、二〇〇〇年以後になって、森林に関わる活動団体は、その数を一段と増やしてきており、林野庁の発表では二〇〇〇年時に五八一であったものが、二〇〇六年には全国で一八六三団体にもなっているそうです。関心が高まってきた様子が伺われますが、それと併行するようにして、さまざまな問題点も表面化してきています。

まずその一つは、作業中の事故の発生です。活動数が増えれば事故が増えることは当然予測されるわけですが、やはりできるだけ防がなくてはなりません。また、件数の問題ばかりでなく、その内容も、当初は手ノコなどの道具を使うケースがほとんどでしたが、最近ではチェンソーなどの動力による作業者が急激に増えてきており、ケガの程度が深刻なものになるケースが増えてくるという問題もあり、中には死亡事故も報告されています。そもそも山仕事は、これを本業とする人たちでも、労働災害の比率が最も高いといわれてきた危険度の高いものですので、軽視するわけにはいきません。

そこでこの問題に対処するために、林野庁と（社）国土緑化推進機構が呼びかけ、NPO「森づくりフォーラム」が中心となって検討が進められました。その結果、二〇〇六年に「森づくり安全技術・技能全国推進協議会」が発足することになり、現在事業を精力的に進めています。その内容は「安全」に作業をするために、基本的な「技術」を十分に身に付けることが最も大切である、という考え方を徹底し、基礎技術をマスターしている人を段階的に認定する制度を作り、全国の市民団体に普及させようとするものです。

プリティフォレストクラブの場合は、こうした安全の問題がクローズアップされる以前から、独自の模索を始めてきており、さらに全国推進協議会発足後は作成されたテキストを参考にしながら、もう一度基本に戻る、という姿勢を確認してきています。

全国に新たな活動団体が続々と登場する状況の中で、もう一つの大きな問題点が浮上してきました。数ある団体の中には、森林の本来持っているさまざまなしくみをよく理解せずに、安易な思い付きで活動をするケースが出てきます。例えば「森林が荒れている」という触れこみに短絡的に跳びついて、「それでは木を植えましょう」と動くケースなどです。こうした場合、現在の国内の森林地域には木を植えなければならない場所などはほとんどないということさえ知らずに、イベントを組み立ててしまい、仕方がないので、山間部の人たちに無理に頼んで山の木を伐ってまでして、植える場所を用意してもらう、などの事態が発生してしまうのです。ここまでひどいケースはめったにないにしても、これに近いものはよくあり、特に植えたあとの計画がなく、その後のことは地元の森林組合に管理を委託するという例は大変に多いのではないかと推定されます。その場合、スギやヒノキならまだいいのですが、広葉樹を植えた場合には、森林組合のノウハウとして、広葉樹の育林方法を組織的にマスターしているところはないはずなので、結局、下刈りのあとは放置ということになるわけです。このようにして、結果として無責任を作ってしまうことが多いのが、残念ながら実情です。

そこで、基本として要求されることは、適切な計画を自ら立てることができ、そのための適切な作業を実践することができる体制を整える、あるいは専門家の指導を仰ぐなどしてはじめて、無責任な施業を作らないことができることになります。困ったことに、十分な体制がないままに進められているものがかなり見受けられるのです。しかも今後は多くの企業が社会貢献として参加することが予想されるため、より一層広がってしまうことが懸念されます。そこで、調査、目標設定、計画づくりなど、基本的なことを理解するための「ガイドライン」を用意し、広く呼びかける運動も進められています。「穂の国森づくりの会」はこの呼びかけに際し、一つのモデルを実行しているつもりで協力しています。

▼穂の国森づくりプラン

部会組織の③については、会発足当初から「政策提言部会」が設置され、対象地域の森林をめぐるさまざまな地域問題に関する勉強会や意見交換などが続けられて、それを整理し、まとめて一九九九年に「穂の国森づくりプラン」として発表されています。

その基本となる考え方は、森林の管理が十分に行き届かない状況が進行していく中で、これまでは森林管理の責任を山林所有者をはじめとする上流部の人たちだけに委ねてきたが、これからは流域という共通世界に住む人たちの共同の責任という考え方に切り替え、上流部＝森林地域の人たちの負担を軽減する必要があるとしています。

表1　森林の多面的機能

①生物多様性保全 遺伝子保全、生物種保全、生態系保全	⑤快適環境形成機能 気候緩和、大気浄化、快適生活環境形成
②地球環境保全 地球温暖化の緩和、地球気候システムの安定化	⑥保健・レクリエーション機能 療養、保養、レクリエーション
③土砂災害防止機能／土壌保全機能 表面侵食防止、表層崩壊防止、その他の土砂災害防止、土砂流出防止、土壌保全、その他の自然災害防止機能	⑦文化機能 景観・風致、学習・教育、芸術、宗教・祭礼、伝統文化、地域の多様性維持
④水源涵養機能 洪水緩和、水資源貯留、水量調節、水質浄化	⑧物質生産機能 木材、食糧、肥料、飼料、薬品その他の工業原料、緑化材料、観賞用植物、工芸材料

このことは、豊川の流域でみると、豊川用水ができて以後、水を供給する側の上流部が過疎化などで疲弊し、逆に下流部では活発な産業が展開していったという不均衡の問題が深刻化したために、このアンバランスを調整すべきだとする議論がこの時点までに強調されてきていました。それに対応する面ももちろんありますが、もう一つの大きな背景を見落してはなりません。それは、森林のことを考える場合、この頃から林野庁改革が検討され、その大きな方針が、新しい「森林・林業基本法」に具体化されていく流れの中で、森林の持つ多面的機能の働きが注目されるようになってきました。この多面的機能というのは、山に植物が繁茂して森林の状態になっていることによって、表土の流出を防ぐ、土砂崩落を防ぐ、降った雨の水を涵養して洪水や渇水を防ぐ、気象の変化を和らげる、二酸化炭素を吸収し固定する、人間への健康面での効果など、多くの公益的な働きと、林産物を生産するという経済的役割の全てを指して言う言葉です（表1）。そして、一九九〇年代前半頃までは、この多面性のうちの経済機能のみが考えられていただけですので、山の所有者や、森林組合、製材事業者などごく限られた関係者以外にはほとんど直接的な縁がなく、管理に関して口を出すなどということは考えられなかったのです。ところが、実際にはそれまでも当然にあった森林の働

きであって、ただ気付かないでいただけの公益的側面のことが強調されるようになると、それは住んでいる人たち全員、広くは人類全体に影響が及ぶことになり、一般市民にとって他人事ではなくなってきます。

そこで、同プランでは森林管理の責任を流域全体のこととして取り挙げ、下流域の人たちにも森林を自身の問題として考えるべきだと訴えるとともに、上流部の人たちを森林管理の負担から解放しようという考え方に立ったわけです。

この報告書ではさまざまな点に触れていますが、結果的には以下の三点を提案しています。

①流域内の森林整備を進めるために、流域住民全員を対象として、水道料金の一トン当たり一円を拠出することとし、森林整備基金を創設し、適切な運営を図るべきである。

②流域内の全ての森林に関するあらゆる情報を一元的に収集し、総合的管理計画の立案と実施を効果的に打ち出すことのできる「東三河森林情報センター(仮)」を創設し、民間主導の運営体制を構築する必要がある。

③森林に関する新しい考え方を地域全体に広め、理解を深めるために議論の場を作ったり、流域の一体感を醸成するための具体的な運動として「穂の国森林祭」を開催する。

このうち、①に関しては発表から五年ほどの議論を経て、域内全市町村の同意を得ることができ、二〇〇五年から水道料金に換算した約八〇〇〇万円／年が「(財) 豊川水源基金」に各市町村から集められるようになり、運用が始まっています。その運用方法は、従来からの水源基金事業と切り離した形で、森林整備（間伐や林道整備など）の補助や市民への普及啓発事業、担い手の人材育成事業などに当てることとして活用され始めていますが、まだ全てを利用しているわけではなく、一部積み立てにまわしている部分もあり、さらに有効な活用の方法を検討していく必要が残されています。

また、③に関しては、当時数年後に開催予定が迫っていた二〇〇五年の愛知万博に照準を合わせ、万博開催期間と同時併行的に各種のスケジュールのピークを持っていくようにして、「地域運動」として展開しようということになり、「穂の国森林祭二〇〇五」と命名されました。そして、この森林祭は、万博の地域連携事業としての指定を受けて進められることになり、二〇〇三年からシンポジウムなどの議論の場を作るほか、奥三河の八つの山を歩いてみよう、流域各地を舞台として「世論《よろず》'Sフォーラム」で意見交換をしよう、世界各国からゲストを招いて国際森林フォーラムを実施しよう、などと盛り上げを図り、二〇〇五年初頭から八月までをメインの期間としてさまざまな事業が展開されました。

写真８　森林祭イベント

この事業は、流域の市町村、商工会、農協、観光協会ほか多くの組織、団体を巻き込む形の実行委員会形式で進められましたが、終了後は、生み出した成果をさらに発展させるべく、「東三河流域フォーラム」が発足して組織を継承しながら事業を行っているところです。

また、②の「森林情報センター」設立に関しては、まだ具体化していませんが現在徐々に検討を進めています。

さて、「穂の国森づくりプラン」は会発足直後の「政策提言部会」（森づくりプラン発表後は「森づくりプラン推進部会」と名称変更）で議論を重ね、現在は新城市長になっている穂積亮次さんが中心になってまとめて一九九九年に発表されましたが、ちょうど同じ頃、全国を対象とした提言を森づくりフォーラムが第三次提言としてまとめ、二〇〇〇年に「森の列島《しま》に暮らす――森林ボランティアからの政策提言」（内山節編著）が発表されています。

一流域を対象とするものと全国のそれでは、当然その内容に違いがあるわけですが、共通した時代背景の中で互いに相通ずるところもあります。このような動きが、直ちに政策の変更を生んだり社会を動かしたりすることはなかなか難しいことですが、団体での議論の成果として提出されるものは、個人の意見発表とはまた違う意味合いを持ち、効果の出かたも変わってきます。こうした提案は、今のところNPO団体として発表されているものは、私が不勉強かもしれませんが、森林分野での総合的なものとしてはこの二つの例のみではないかと思います。もっともっといろいろな団体からの自由な発想が数多く提起されてくることを望んでいます。

▼東三河環境認証森林の制度

人工林の手入れ不足が盛んに論じられている昨今ですが、一方で十分に管理され、健全な状態を保っている森林はないのでしょうか？　その点では、実は奥三河地域は他の全国の多くの地域とは少し違う要素を持っています。もちろん、手入れが遅れぎみになっているところが多く見られる点では例外とは言えないのですが、全く同様というわけでもないのです。

というのは、奥三河は明治以後（一部近世から）林業が産業としてかなり盛んに展開されていたところで、現在も戦前に植栽されたものがかなりあります。八〇〜一〇〇年という長期で育てられたところでは、すでに前世代の人たちが十分に手入れを施してきており、立派な林分として成立しています。ところが、全国で現在広く問題となっている多くのものは、一九六〇〜七〇年代頃をピークとしてその前後に集中的に植栽された「拡大造林」期以後のものがほとんどです。その時の植林地は、それまで薪炭林や草刈山だったところがほとんどで、石油などの登場によって燃料（薪）や肥料（たい肥）を取りに行く必要がなくなったことから、初めてスギやヒノキを植えることができるようになったところであり、育てるためのノウハウも十分に持った地域ではなかったところが多いのです。それに対して奥三河は、以前からの林業地として、地域単位でノウハウが一般化していましたから、それ以前に植えたものが多いというだけでなく、拡大造林期のものへの対応も少し違いました。

さらに、奥三河は林業地の中でも「三河杉」として名の通っていたところで、板材を中心に生産していましたので、柱材生産を行っていたところのように四〇〜四五年周期の短伐期施業でなく、巾広く板を採るために太く長く育てる長伐期施業をしてきたものが多いため、特に齢級の高い森林が多く残っているという要素も加わっています。

そこで、このように十分に手入れがなされ、立派に仕立てられている森林を、それとわかるように明示し、管理不足の森林と区別できるようにすることで、逆に、遅れているところの施業意欲を喚起しようという考えが生まれました。即ち「森林認証」です。そして、この認証された森林から伐採されて出てきた木材を「認証材」として、加工・流通の段階で他の材と区別して取り扱い、最終消費者にわかるように証明することで、消費者が判断することができ、選択の可能性が生まれます。この一連のしくみを豊川流域というローカルな範囲でつくり、運営していこうとするものが「東三河環境認証森林」制度で、東三河流域森林・林業活性化センターの事業の一つとして制度確立に向けた作業が進められています。

森林認証という言葉は少し耳慣れないかもしれませんが、一九九二年のリオデジャネイロで開かれた『地球サミット』から検討が始められ、九三年に設立されたＦＳＣ（Forest Stewardship Council、本部＝メキシコ）が認証制度事業をスタートさせ、世界に広まったものです。当初の目的は、当時熱心に議論された（現在もあいかわらず深刻ですが）熱帯雨林やシベリアなどでの森林の不法伐採＝盗伐を防止するために、逆に管理体制の整った森林を明確にし、そこから伐り出された木材を証明することで、盗伐材の流通を防ごうとしたものです。しかしその後、単に管理されているだけでなく、環境面からみて森林が有効に機能していることが重要であるということから、適正な管理が行われていることが認証の基準とされ、「持続可能な森林経営」という言葉が使われるようになってから、急速な広がりをみせるようになりました。今では、欧米諸国ではすでに全森林の七〇％以上が認証を受けており、認証された森林の木材でなければ消費者が買ってくれないといった場面も現れるようになってきたと聞きます。わが国でも速水林業をはじ

写真９　認証された森林の例

めとしてアサヒビールの所有林、梼原町森林組合など、約三〇の団体、企業の森林がＦＳＣの認証を受けています。また国内でも、日本森林林業協会が中心となって運営している、全国を対象とした「『緑の循環』認証会議」（ＳＧＥＣ）が事業を開始しており、広がりつつありますが、一般的にはまだ認知度が低いと言わざるを得ません。しかし今後、森林や環境への関心が一層強まっていく中で、重要なシステムとして機能していくことになるのではないかと思われます。

　この新しい社会システムを東三河では一つの流域という狭い範囲でのしくみに組み替えてやっていこうとしているわけですが、そのことによって、逆にいくつかの面白い特徴が生まれつつあります。それは、

　①ＮＰＯである穂の国森づくりの会が「認証機関」を担うなど、市民団体が中心的な役割を果たすスタイルは、建築用材を対象としたも

のとしては、わが国では全く初めての試みとなる。
②豊川流域内という狭い範囲であるため、認証機関（穂の国森づくりの会）はいつでも現地（森林）に足を運ぶことができ、きめの細かい運営が可能になる。
③地場産業としての林業の活性化や、地域消費活動の盛り上げなどにも道を拓く可能性がある。
④地域内の加工、流通段階での事業者の結束を生みやすい。
などです。

ちなみに、このローカル制度で設定した認証基準（適正に管理された森林であるかどうかの目安）は、森林を管理するための計画＝施業計画がすでに立てられており、各市町村に受理されているものであるとともに、その計画に沿った施業が実施されているかどうかを実際に現地へ行って確認する、としています。

そこで、現在の実際の状況をみると、奥三河地域の人工林のかなりの部分は、森林所有者の代行として各地域の森林組合が施業計画を策定していますので、あまり問題はないのですが、注目しなければいけないのはその計画に沿った施業が実施されているかどうか、という点になります。ところが、これは実際に現地の様子を見なければわからないことですので、行って調査しなければなりません。具体的には、その森林の中を調べることによって、地形、植栽木の密度（一定面積に対して何本植えた木があるか）、平均胸高直径（木の太さ）、材積（木の総体積）、植栽木以外の状況（特に下層植生）、土壌の状況などを割り出して、その森林の管理状況を判定する作業で、これを「林分調査」と言います。

この林分調査を全ての森林で実施するのは大変ですので、簡略化する場合もありますが、いずれにしても実際に現地に行くことが前提ですので、範囲として豊川流域とするのが精一杯かと思います。

これまでに約四〇〇ヘクタールの認証を済ませていますが、そこからの木材を使って家が建てられたのはまだ約一〇棟という状況です。まだまだ認証面積を増やし、供給体制を早急に整えていかなくてはなりません。ただ、嬉しい報告としては、設楽町での名倉小学校の建て替えの際に、全て町産材を使うという方針を通していただいたおかげで、構造材などにこの認証材の木材が使われています。

このような森林の適正管理の努力の成果を、地域社会の中で有効に生かしていくことは、流域全体の取り組みとして重要なことではないかと思いますので、一層の普及を進めていこうとしています。

これからの動き

一九九〇年代後半以来、広い分野にわたってＮＰＯ活動が急速に盛り上がる波に同調するかたちで、森林に関する市民の活動も全国規模で大きな広がりをみせ、すでに一〇年以上が経過してきました。

この約一〇年の間の内容の変化を一言でまとめると、活動団体の数や活動している人の数が急激に増えるという量的な大きな変化とともに、質的にも作業技術や計画作成面での技術、社会への問題提起の能力などを身につけるかたちで変化を遂げてきたと言えます。

これを一つの段階と捉えると、さらに次の段階に向かって進んでいくのだろうと考えられますが、その徴候は二つの側面ですでにあらわれてきています。

まずその一つは「ネットワーク化」ということで、同一地域内の団体が連携したり、取り組みのテーマが似ている団体同士が協力しあったりするかたちで、二一世紀に入った頃から全国的に多くみられるようになってきました。穂の国森づくりの会の例をみても、「森林と市民を結ぶ全国の集い」のような全国を対象とした集まりが定期的に開かれてきているため、それに参加、あるいはその一部を担ってきていますし、中部森林管理局管内を対象とした中部地域のネットワーク組織も定着しつつあります。そして愛知県内の団体による組織もできてきましたし、隣の矢作川流域では、多団体の協議会組織で「森の健康診断」という事業を進めているというように、です。

この動きは、今後さらに多くかつ広く展開していくものと思われます。内容的にも、これまで情報交換や連携という体裁が多かったのですが、多団体が集まることによって相互の得手不得手を相殺し合い、カバーし合うことによって、それまで単独ではできなかった事業が可能になるという観点からの、共同事業の形態が増えつつあります。そして、今後試行錯誤を経ながらノウハウの蓄積も進み、高度なものが生まれてくると同時に、社会への発信力も高まっていくのではないかと思われます。

もう一つには、「問題提起」という側面があります。そもそも、市民による活動には「限界」があり、例えば間伐をするにしても、かりに何十万人もの市民がボランティア活動をしたところで、全国の一千万ヘクタールに及ぶ人工林の管理が可能になるわけでもありませんので、単なる戦力として考えるだけでは大きな役割を果たすことはできません。それよりも、その活動を通じて、より多くの人たちに関心を持ってもらえるように訴える、あるいは行政による施策を変更に導くような巾広い動きを作る、というような役割を通じてこそ、より大きな成果につなげることができるようになります。

その意味では、現在の市民団体の存在のあり方は、以前のような敵対的な「反対運動」一辺倒というスタイルではなく、より客観的な、冷静な発言を旨とするものが多くなってきています。その結果、一般の市民や消費者に向けた問題提起も、行政に向けた提案も、出しやすくなっていると同時に、受け止めてもらいやすくもなってきています。そして、一〇年以上もかけて続けてきた活動の実績や経験の蓄積から、より適切な発信が可能になってきていると思われます。

その点では、これまではまとまった形での提言は森づくりフォーラムや穂の国森づくりの会など、限られた団体からの提出に限られていましたが、部分的なものとしては、実際に多くのさまざまな提案がすでになされてきています。今後はこのような分野でも一層の能力を身に付け、成果を引き出す努力が求められるのではないかと思います。その意味で、市民団体の最も大きな役割は、社会的な新しい合意形成を作り出していくための「要」の存在であるというところにあるのではないかと思います。

NPOによる森林にかかわる普及啓発活動

森田　実

子どもを対象とした環境教育活動

東三河地域の森林の良さや大切さを、子どもたちに伝えることは誰も否定することのできない大切なことだと思います。穂の国森づくりの会では、設立当初から環境教育活動に重点の一つを置いて事業を展開してきました。

▼親子キャンプから小学校への訪問授業へ

子どもを対象にした環境教育活動は、穂の国森づくりの会設立の一九九七年から四年間実施してきた「夏休み親子キャンプ」に始まります。この事業は、文字どおり夏休みを活用して奥三河地域の森林をフィールドに、親子で自然や暮らしに親しんでもらうという趣旨で、二泊三日という行程で実施してきました。ハイキングや渓流遊び、地元の人との交流などの催しの中で森林に親しむことの楽しさを参加者に伝えてきましたが、もっとたくさんの子どもたちを対象に活動したいという声が高まり、新規の事業を模索していたところ、たどり着いたのが小学校への訪問授業です。

この小学校への訪問授業を始めるきっかけは、普及啓発を担当する会のメンバーが、子どもの教科書（東京書籍発行）を読んでいるときに偶然見つけた「森林のおくりもの」という富山和子氏の説明文でした。この説明文は五年生の国語の教科書に掲載されており、五年生の他の教科書を調べると理科や社会科でも森林について学ぶところがあることに気付きました。また、学校教育では二〇〇〇年から「総合的な学習の時間」が試行的に実施されるようになり、学校から私たちのような団体にも講師の要請が高まるのではないかと予測し、小学五年生を対象に森林について小学校に出向いて授業を行うことについて検討を始めました。教育委員会に相談するなど準備を進めた結果、二〇〇〇年から豊橋市内の小学校に限定をして、試験的に授業を実施することになりました。

そして、「総合的な学習の時間」が本格的にスタートした二〇〇二年から、実施エリアを東三河全域に拡大し、授業を実施しています。

写真１　親子キャンプの様子

▼授業の内容

森林を題材にすると様々な授業プログラムを作成することが可能です。森林植生や野生動物についてて、または森林にかかわる民俗文化についてなど、項目を挙げると限りがありません。私たちもいろいろな授業プログラムを検討しましたが、学校に出向いて授業を行う「訪問授業」に関しては、以下の三点に重点を置き、次のような授業の内容に決定しました。

①森のはたらき（森林の水源涵養、災害防止機能）

東三河地域は、豊川の渇水・治水の問題が重要なことから、森林の持つ様々な公益的機能の中からこの機能について触れることにしました。また、この機能の説明は、国語、社会科、理科の教科書の内容に対応しています。

②東三河地域の森林・林業の現状

地元の森林の状態と森林整備の重要性を正確に理解してもらうためで、社会科の教科書の内容に対応しています。

③木材の性質性能、木材利用の大切さ

木材の性質性能に対する誤解を解き、将来的に地元材の需用拡大を狙っていますが、国語の教科書の内容に対応するところに重点を置いています。

これらの内容を原則四五分で、実験やクイズ、映像を交えながら教室などで授業を行っています。

表1　実施機関・団体と役割分担

実施機関・団体名	役割分担
穂の国森づくりの会	・広報、小学校との連絡調整（総合窓口） ・連携機関・団体間の連絡調整 ・訪問授業（森林の公益的機能担当） ・野外体験授業（引率、自然観察案内、作業指導） ・木工教室の指導担当
トヨハシ・ランバーメン・クラブ 新城木材青壮年会	・訪問授業（木材の性質と性能） ・木工教室の指導担当
林野庁中部森林管理局愛知森林管理事務所	・野外体験授業（フィールド提供、作業指導）
愛知県 県有林事務所鳳来業務課	・野外体験授業（フィールド提供、作業指導）
愛知県 東三河農林水産事務所林務課 新城設楽農林水産事務所林業振興課 新城設楽農林水産事務所新城林務課	・訪問授業（東三河地域の森林・林業担当） ・木工教室の指導担当
豊橋市産業部農政課	・訪問授業（豊橋市の森林・林業担当） ・木工教室の指導担当

また、二〇〇五年からは、追加授業として地元材を使用した木工教室も実施しています。

「訪問授業」の他に、子どもたちを一日がかりで森林に招待し、自然観察や間伐などの森林整備を体験してもらう「野外体験授業」も合わせて行っています。この野外体験授業は、子どもたちが森に触れ合うことによって、森林の良さや大切さを、身を持って実感してもらうことを目的として実施することにしました。

▼実施体制

穂の国森づくりの会のスタッフだけでは、多くの学校からの実施依頼や専門的な質問に十分に対応することはできません。そこで、国や県の森林林業に関係した機関、地元木材業の青年団体に共同で授業を行うことを打診したところ、体制が整ったところから授業に参画していただけるようになりました。現在では、表1のように合計で九つの機関・団体の分担により授業を実施しています。

この実施体制がスムーズに整った背景には、関係するす

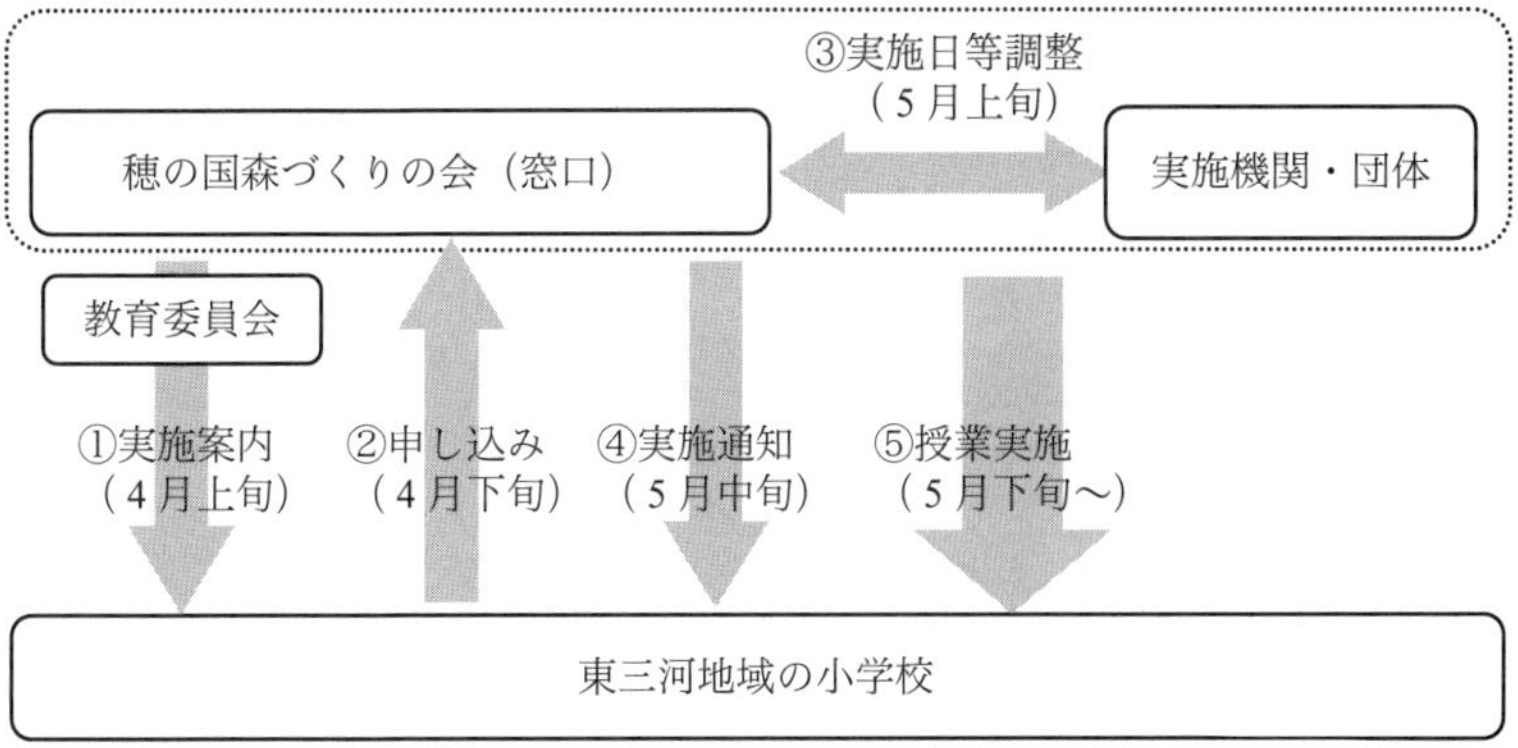

図１　授業実施までの手順

べての機関・団体がこのような環境教育活動をすでに模索し、何らかの準備を進めていたことがあります。例えば、トヨハシ・ランバーメン・クラブは、訪問授業が始まる二〇〇〇年より以前に「森林のおくりもの」に着目し、副読本的な冊子「子どもたちに贈る森からの手紙」を地元の教師と共同で製作し、豊橋市内の全小学校に配布、試験的に授業も実施して、授業プログラムもほぼ確立していました。このような各機関・団体の準備過程と特色を活かしながら、表1のように基本的な役割分担を定め、融通を利かせながら授業を実施しています。

▼授業実施までの手順

授業を実施するまでの手順は、図1のように穂の国森づくりの会が窓口になり、年度始め（四月）に実施校を募集し、申込み状況や連携機関・団体の予定等を調整しながら五月上旬に実施校を決定しています。その後、実施日が近づくと実施校と打合せを実施しています。

学校を対象に授業を行う場合、①各小学校への授業実施の告知、②告知後の小学校との連絡調整、に労力を要することが大きな問題となります。連携機関・団体の中にもこの問題により訪問授業実施に踏み切れなかったところもありました。そこで、穂の国森づくりの会が小学校への授業実施の告知、告知後の小学校との連絡調整を一手に引き受けることによりこの問題の解決にあたりました。

①の問題は、限定された小さな地域の場合はさほど問題になりませんが、私たちのように東三河地域全域の小学校約一五〇校を対象とした場合には大きな問題となります。各学校はもちろん、各市町村の教育委員会を訪ね、案内するだけでも大変な労力です。そこで、東三河地域内にある愛知県の教育事務所に告知の窓口となっていただき、教育事務所→各市町村教育委員会→各小学校の順に効率よく告知されるような仕組みをとることにより解決しました。

②の問題は①の問題のようにあっさりと解決しませんでした。この問題を解決するためにもっとも大切なことは、授業を実施する私たちが小学校をよく知ること、また、逆に多くの教師に私たちの取り組みをよく知っていただくことにより、スムーズに意思疎通が図れ、連絡調整が省力化できると考えました。そこで、二〇〇〇年から二〇〇三年までの四年間、初めて授業を実施する小学校にはスタッフが必ず足を運び、学校内の様子を知り、担当教員だけでなく校長や教頭、教務主任と話をしながらお互いの情報交換を徹底的に図ってきました。その効果もあって、「訪問授業」に限っては、ほとんどの小学校と数分の電話打合せで済むようになっています。

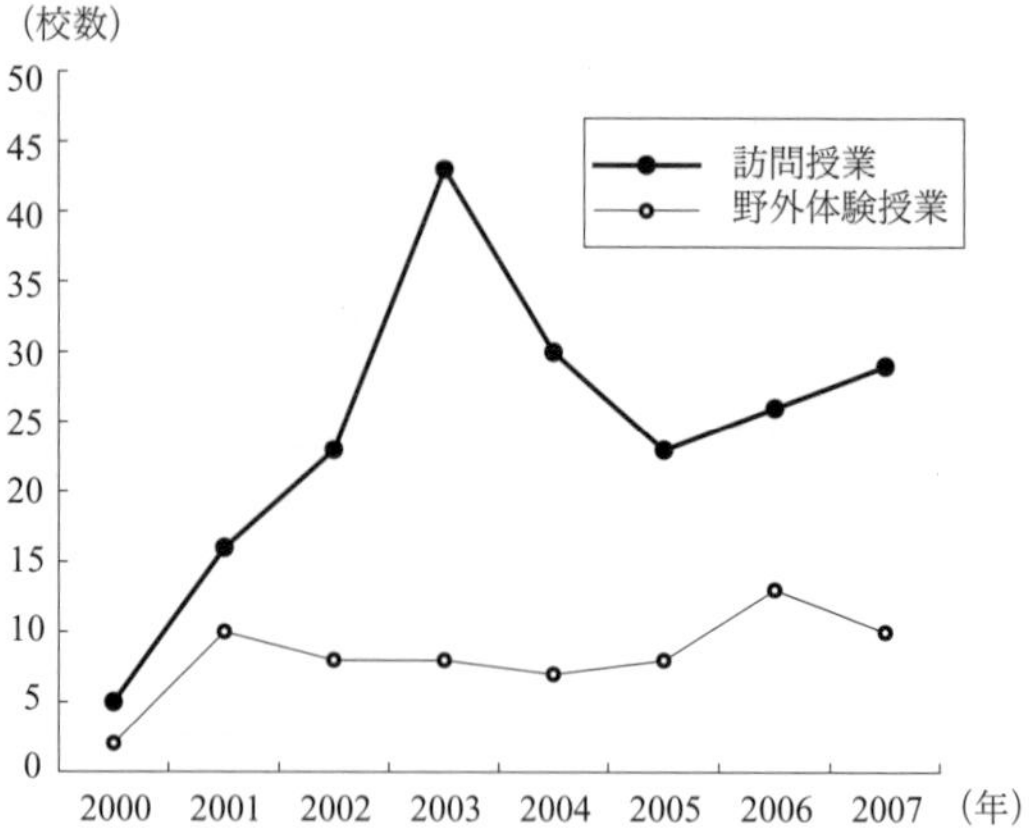

図２　訪問授業、野外体験授業の実施校の推移

▼これまでの実績

二〇〇〇年の授業開始から二〇〇七年までの八年間で、訪問授業と野外体験授業を合わせて、約一万三千人の子どもたちが受講しています。東三河全域で実施するようになった二〇〇二年以降、様々な要因により実施校数が増減していますが、年間約三〇校程度の訪問授業、一〇校程度の野外体験授業を実施しています（図2）。なお、訪問授業は、原則として申込みのあった学校全てに対応していますので、実施校数＝申込み数になりますが、野外体験授業は二〇〇一年以降、二〇校を超える応募があり毎年抽選を行って実施しています。

写真2　訪問授業の様子

写真3　野外体験授業の様子

授業申込みの理由を教師から聞いてみると、国語（森林のおくりもの）の補助学習としての申込みがもっとも多く、続いて野外研修の補助学習、社会科の補助学習の順番でした。当初は「総合的学習の時間」のテーマとして「森林」を取り扱い、その補助的な学習として私たちの授業を活用するケースがもっと多いと予想していましたが意外な結果でした。しかし、その理由を探ってみると、どうやら「総合的学習の時間」で取りあげるテーマとして「森林」は、取りあげる題材が多岐にわたり、森林に対する高い専門性を必要とするため、取り組もうとする教師が少ないようです。教科書の内容に対応していたことが年間三〇校を超える申込み校数につながったようです。

また、この取り組みを聞きつけ、年間二、三校ですが、小学五年生以外の学年や中学校、高校からも授業依頼がありますが、連携機関・団体と協力しながら対応しています。

以上のように広域でこれだけの実施回数に対応できるのは、各機関・団体と連携して役割を分担しながら授業を行っているからです。ＮＰＯ（市民団体）がとりまとめとなって国、県、市が行政間の垣根を越え、さらに業界団体（企業）と共同で組織的に授業を展開している事例は全国的にみても先進事例であり、二〇〇七年に開催された日本木材青壮年団体連合会の報奨事業で最優秀賞を受賞するなど注目を集めています。

市民を対象とした事業

穂の国森づくりの会では、先述のような子どもを対象とした環境教育活動の他にも、大人も含めた市民を対象とした自然観察会や民俗芸能見学会、各種セミナーなどの啓発活動を数多く展開しています。具体的には、東三河地域の森林や民俗文化に親しみながら理解を深めることを目的として、以下のような事業を開催しています。

▼自然観察会

当初は軽登山を楽しみながら植物の専門家や地元の方々に道中の自然などを案内していただく中で、奥三河地域の自然に親しんでもらおうという趣旨でスタートしました。豊川源流部の鷹ノ巣山（段戸山、設楽町）や面ノ木原生林（旧津具村、旧稲武町）などをフィールドに年三回程度実施してきました。毎回、定員を超えるたくさんの市民の応募があり、盛況のうちに開催してきましたが、「もう少し植物について詳しく勉強したい」、「もっと違ったフィールドを観察したい」との常連参加者からの要望があり、新たな開催方法を模索してきました。

写真４　自然観察会の様子

そんな時に以前から自然観察会などの講師を依頼してきた三河生物同好会から自然観察会の共同開催の話があり、二〇〇一年から新たな体制で自然観察会を実施することになりました。三河生物同好会は生物の教師やそのＯＢ等を中心とした、地元の植物のみならず昆虫や野生動物にも詳しい専門家の団体です。そのメンバーの方々にフィールドの選定、観察会の講師を担当していただくことで、自然観察会の常連参加者の要求をほぼ満たすことができる自然観察会を開催することが可能となりました。年間、約三回、そのうち二回は奥三河地域を中心とした東三河地域の各所で観察会を実施しています。残りの一回は東三河地域外のフィールドを訪ね、地域外の自然と見比べることによって東三河地域の自然を再認識する観察会を実施しています。内容も一般的な植物観察から、「薬草」などにテーマを絞った観察会や、昆虫、地質といった話題にまで幅広く取り入れられるようになり、総合的な自然観察会になりつつあります。また、常連参加者の中から、自主的にフィールドや観察内容を企画提案するようなケースもできつつあります。この動きは大切にしていきたいものです。

▼花祭り見学会

私たちの活動は、単に森林そのものだけを取りあげるのではなく、森林地域に根ざした人々の暮らしや歴史、民俗文化にも注目し、活動を展開しています。そこで、奥三河地域に残る「祭」

から、山の文化とその財産、価値を見直していこうという趣旨で、東栄町、豊根村、旧津具村の各地区で開催される「花祭り」（国の重要無形民俗文化財）を見学する催しを一九九九年から二〇〇四年まで実施してきました。私たちは東栄町東薗目地区で開催される花祭りを見学させていただいていますが、開催にあたっては東薗目地区を拠点に活動を展開している邦楽集団「志多ら」と地区の方々に協力をいただいてきました。毎回、多くの参加があり、このような民俗文化に関する見学会についてもノウハウを蓄積してきましたが、別の民俗芸能見学会の企画や地元の方々の交流方法など再検討すべき課題があります。

▼環境学習教室

この事業は、「穂の国みんなの森」（一九頁参照）と隣接する段戸裏谷原生林（ともに設楽町）をフィールドに原生林での自然観察と「穂の国みんなの森」での育樹作業を、子どもから大人まで体験できる自然観察と作業体験を組み合わせた新たな形のイベントで、二〇〇二年から愛知県から受託し開催しました。このイベントは他の事業と異なり、愛知県内に広くイベント参加を呼びかけたこと、段戸裏谷原生林へのアクセスが尾張名古屋方面から容易なことから尾張名古屋地域からの参加者が多いのが特徴的で、名古屋都市部での奥三河地域の自然への関心の高さを実感することができました。

また、原生林の自然観察は、先述の自然観察会でできた講師陣とのネットワークを活用して、地元設楽町の方々や三河生物同好会の協力をいただきながら開催しています。

写真５　環境学習教室の様子

▼セミナー

穂の国森のセミナー　会の設立当初は、穂の国森づくりの会の運営スタッフの定例勉強会として開催されていましたが、その後、その会員間の交流をかねた勉強会へと移行していきました。その後、会員外にも広く公開し、話題もこれまで取りあげてきた森林に関連した事柄にとどまらず、東三河地域やその周辺の生活に密着した最新の話題を取りあげながら、現在、隔月に一回ペースで開催しています。参加しやすさを最優先に考えたセミナーで、食事を取りながら気軽な気持ちでゲストの話を聞いて知識を深めるという形式で開催しています。他のイベントは、どちらかというと四〇歳後半以上の参加者が大半を占めていますが、このセミナーは、男女を問わず比較的若い年齢の参加者も多いのが特徴です。

森づくりセミナー「森の教室」　東三河地域を自然、歴

写真６　穂の国森のセミナーの様子

表2　「森づくりセミナー」の実施一覧表

回数	テーマ	講師（役職は当時）
第1回（二〇〇〇年）	はげ山からの森づくり	藤田佳久氏（愛知大学教授）
	奥三河民俗探訪――森と祭りと暮し――	山本宏務氏 （写真家、NHK文化センター講師）
	きららの森、面ノ木原生林にみる森の原風景	中西　正氏（三河生物同好会会長）
	豊川が結ぶ上下流 ――奥三河の森と豊川の流れ――	宮沢哲男氏（愛知大学教授）
	奥三河に行く！（現地研修）	横山良哲氏 （鳳来寺山自然科学博物館館長）他
	東三河の森づくりを考える	藤田佳久氏（愛知大学教授）
第2回（二〇〇二年）	持続可能な豊川流域社会を考える	市野和夫氏（愛知大学教授）
	豊川の治水の歴史――霞堤の知恵――	藤田佳久氏（愛知大学教授）
	豊川を中心としたネットワーク	藤田佳久氏（愛知大学教授）
	豊川用水建設の過程と渥美農業の発展	牧野由朗氏（愛知大学名誉教授）
	豊川の生態系をみる（現地研修）	中西　正氏（三河生物同好会会長）他
	豊川流域の森づくり	穂積亮次氏（穂の国森づくりの会専務理事）
第3回（二〇〇三年）	奥三河地域の暮らしと信仰	山本宏務氏 （写真家、NHK文化センター講師）
	奥三河山地を漂泊した人々 ――木地屋とその集団――	藤田佳久氏（愛知大学文学部教授）
	山間地域の茶業開発	松下　智氏（㈳豊茗会会長）
	奥三河地域の産業遺産	天野武弘氏（豊橋工業高等学校教諭）
	奥三河地域の民話	金田喜兵衛氏（奥三河郷土館館長）
	奥三河地域の生活と文化（現地研修）	鈴木冨美夫（元奥三河郷土館館長）他

史、文化などあらゆる側面から総合的にとらえ、森づくりにも活かして行くという趣旨で、愛知大学の教授を中心とした有識者を講師に招き、連続の講座形式で二〇〇〇年から二〇〇二年まで開催しました（表2）。毎年定員を超す受講申込みがあり、市民の東三河地域への関心の高さを知ることができましたが、単なる参加者の知識習得に終始したセミナーに留まってしまいました。しかし、この反省が基となって「穂の国森林祭二〇〇五」の「世論《よろず》'Sフォーラム」などの講師やパネラー、参加者が意見交換しあえる新たな形のセミナーへ形式転換していくきっかけとなりました。

▼東三河水循環再生フォーラム

「穂の国森林祭二〇〇五」が終了し、その推進組織を発展させるために産学官民が参画した「東三河流域フォーラム」が二〇〇六年に組織されました。穂の国森づくりの会も「穂の国森林祭二〇〇五」の時と同様に、このフォーラムの構成団体の一つとして中心的な役割を担っています。

この東三河流域フォーラムでは、「愛知県水循環再生基本構想」に基づく、東三河地域の健全な水循環に携わる人材を発掘・育成することを目的としたモデル事業を愛知県から受託しました。この事業が二〇〇七年に開催した「東三河水循環再生フォーラム」で、東三河流域フォーラムの構成団体との連携機能と「森づくりセミナー」から積み上げられてきたノウハウを組み合わせた新たな試みでもありました（図3）。講義を聞くだけでなく、毎回、活発な意見交換がされた点は評価できますが、実際に人材を育成するまでに到らなかった点では、まだまだ、検討の余地がありそうです。

東三河 水循環再生 フォーラム

森・川・海でつながる地域

水はこれまで治水や利水、水質等の個別の視点から、さまざまに語られてきました。しかし今、循環する存在として、あらゆる生物、とりわけ我々人間との関係のありようがトータルに捉えられる必要に迫られています。

この立場からの活発な議論を通して、あるべき循環型地域形成の道を探ってみたいと考えています。

対　象　愛知県内に在住、在勤、在学の方
募集人数　各回 50 名（先着順）
※公開シンポジウムは除く
参加費　無料
申込締切　各回定員になり次第締切
主　催　愛知県
企画運営　東三河流域フォーラム、NPO 穂の国森づくりの会
後　援　東三河広域協議会、三河湾浄化推進協議会
国土交通省中部地方整備局豊橋河川事務所

お申込み・お問合せ
東三河流域フォーラム事務局まで
〒440-0888　愛知県豊橋市駅前大通 2 丁目 46 番地
名豊ビル新館 6F（東三河懇話会内）
TEL.0532-55-5141 FAX.0532-56-0981
E-mail　info@konwakai.jp

参加者大募集

講座ごとに意見交換の時間を設けていきます

第1回　豊川流域の水の循環

9月8日（土）
時　間　14:00〜17:00
会　場　豊橋商工会議所 508 会議室
講　師　井上隆信氏（豊橋技術科学大学建築工学系教授）
蔵治光一郎氏（東京大学愛知演習林講師）

第2回　水とともに生きる生物たち

10月13日（土）
時　間　14:00〜17:00
会　場　豊川市あかつかやま公園「ぎょぎょランド」
講　師　藤井伸二氏（人間環境大学人間環境学部准教授）
浅香智也氏（ぎょぎょランド飼育員）

第3回　伝統的な暮らしの中の水循環

11月10日（土）
時　間　14:00〜17:00
場　所　豊橋商工会議所 401 会議室
講　師　印南敏秀氏（愛知大学経済学部教授）
宮沢哲男氏（愛知大学経済学部教授）

第4回　水と暮らしの伝統1（フィールドワーク）

12月8日（土）
集　合　豊橋駅前　午前9時
内　容　豊川に関連した産業遺産を中心とした見学会
行　程　牟呂松原頭首工 → 長篠発電所 → 大野頭首工
→ 黄柳橋等
講　師　石田正治氏（愛知県立豊橋工業高校教諭）

第5回　水と暮らしの伝統2（フィールドワーク）

1月12日（土）
集　合　豊橋駅前　午前9時
内　容　伝統的な治水システムや水利用を中心とした見学会
行　程　豊川の霞堤と関連集落（賀茂、当古地区等）
→　豊川宝飯地域の湧水
講　師　藤田佳久氏（愛知大学文学部教授）

第6回　公開シンポジウム

2月9日（土）
時　間　13:30〜17:00
会　場　豊橋市民センター「カリオンビル」5階大会議室
内　容　基調活動紹介、活動報告、活動提案

申込用紙　参加ご希望の講座に○印をお付けください。　Fax.0532-56-0981

第1回 （豊川流域の水の循環）	第2回 （水とともに生きる生物たちの現状）	第3回 （暮らしの中の水循環）
第4回 （水と暮らしの伝統1）	第5回 （水と暮らしの伝統2）	公開シンポジウム

お名前 （年齢　　才）	連絡先（住所等）
E-mail	TEL（　　　）　－

図3　東三河水循環再生募集チラシ

課題と今後の展開

▼子どもを対象とした環境教育活動

八年間授業を継続しながらさまざまな課題に取り組んできましたが、今後、この授業を継続していくためには、以下の二つの大きな問題を解決する必要があります。

授業内容の充実　授業を行っているうちに明らかになったことは数多くあります。もっとも問題となるのは、多くの子どもたちが「近年、日本の森林は激減している。したがって、木を伐ることは全て森林破壊で悪いことだ」という認識を持っていることです。子どもたちにその理由を尋ねてみると、熱帯地域や乾燥地域で問題となっている大規模な森林の減少をそのまま日本の森林に当てはめてしまっているものと、マスコミなどで取りあげられる都市近郊林の開発のイメージをそのまま日本全域の森林に当てはめているようです。このような地域性が無視された認識は、森林の問題に限ったことではありませんが、地域性を重視する地理教育の重要性を見直す必要があろうかと思います。

また、このような誤解をしてしまうもう一つの背景には、日本の森林が抱える問題を「人工林」と「天然林」におけるそれぞれの問題を区別せず、同一のものとして認識しているところにあります。このことが人工林の保全にもつながる間伐などの手入れですら、悪いことになってしまう大きな要因にもなっているようです。

私たちの行っている授業では、このような誤解を解決するため、先述のように東三河地域の森林を題材に、「森林の公益的機能」から「林業（森林整備の重要性）」、「木材の利用の有効性」まで関連付けて授業を行っていますが、限られた時間では十分に子どもたちの誤解を解くことができません。学校側に「総合的な学習の時間」やさまざまな教科で「森林」を深く取りあげていただくことを期待するとともに、それに対応できるような「授業プログラム」の作成が必要です。

授業の継続　このような教育活動は、ほんの数年間続けただけで目覚しい効果を期待することはできません。子どもたちが大人になって社会の中心で精力的に活動し始めたときに、じわりじわりと効果が出てくることを期待するものです。私たちの授業を受講した最初の子どもたちは、まだ大学生の年代になったばかりで、教育効果を見定めるためには少なくともあと十数年はかかるでしょう。それまでこの授業を継続していくことは重要ですが、それは容易ではありません。

授業継続のためには、まず活動資金の確保が問題です。教育機関の予算が厳しく、教育機関からの資金の拠出が困難な中、各実施機関で何とかやり繰りしている状態ですが、このような状態では決して長続きしません。今後はこの活動に賛同いただける地元の企業や団体にさまざまな協力を求めていくなど、地域の子どもたちは地域全体の力で育てる仕組みづくりを構築していくことが必要です。

また、現状の授業スタッフの負担を軽減するためにも、さらなる講師の人材の育成も重要です。ただし、教師や子どもたちは、急ごしらえの俄か講師の話ではなく、実際に林業や木材業に携わる人や研究者の話を求めています。専門性を持った講師を確保するために地元木材業の青年組織以外の業界団体や研究者のいる地元の大学との連携も重要となるでしょう。

▼市民を対象とした事業

穂の国森づくりの会設立からこれまでの一一年間に約百回近く市民向けの普及啓発事業を実施して、さまざまな工夫をしながら問題提起をしてきましたが、参加者の知識習得の機会に留まっているのが現状です。多くの市民に森林の現状、問題を理解してもらえたという意味では、普及啓発活動の第一段階の目的を達していると評価することもできます。しかし、これらの事業で持った問題意識を市民がいかに考え、行動に移していくかということが今後大切なことで、この動きを促し、サポートする体制を穂の国森づくりの会も整えていく必要があろうかと思います。

また、先述のように普及啓発事業の参加者の年齢は、四〇歳後半以上が大半を占め、「穂の国森のセミナー」以外の事業では二〇から三〇代の市民の参加はほとんどありません。普及啓発活動は子どもから老人まで幅広い年代層にバランスよく行うことが理想的ですが、この観点からすると、私たちの普及啓発活動は理想と程遠い状態になっています。幅広い世代にバランスよく積極的に事業に参加してもらい、森林の抱える問題と現状を正しく理解してもらえるように「穂の国森のセミナー」のノウハウを活かしながら新たな事業を展開して行かなくてはなりません。

子どもを対象とした環境教育活動と市民を対象とした普及啓発活動を約一〇年間実施してきましたが、私たちがこれらの事業で普及啓発してきた東三河地域の市民は、多く見積もっても二万人程度で、東三河地域の人口七五万人には遠く及びません。闇雲に多くの市民に普及啓発すればよいわけではありませんが、東三河地域の森林が抱える問題に関心が薄い市民が多いのも現実で、まだまだ地道な努力・試行錯誤が必要なようです。穂の国森づくりの会のスローガンは「七十五万人の森づくり…」ですが、できるだけこの理想に近づきたいものです。

■著者紹介

原田　敏之（はらだ　としゆき）

1949年　愛知県北設楽郡生まれ。
特定非営利活動法人穂の国森づくりの会前事務局長

森田　実（もりた　みのる）

1972年　徳島県生まれ
愛知大学大学院文学研究科地域社会システム専攻修士課程修了
現在、特定非営利活動法人穂の国森づくりの会事務局長
三遠南信地域連携ビジョン検討委員会委員

三遠南信地域連携ブックレット 3

市民活動による森づくりの試み

2008年 3 月31日　第 1 刷発行

著者＝原田敏之　森田 実 ©
編集＝愛知大学三遠南信地域連携センター
〒441-8522 豊橋市町畑町1-1　Tel. 0532-47-4157
発行＝株式会社 あるむ
〒460-0012 名古屋市中区千代田3-1-12　第三記念橋ビル
Tel. 052-332-0861　Fax. 052-332-0862
http://www.arm-p.co.jp　E-mail: arm@a.email.ne.jp
印刷＝東邦印刷工業所

ISBN978-4-86333-001-6　C0336

三遠南信地域連携ブックレットの刊行によせて

一九四六年に創立された愛知大学は、設立趣意書の中で「大都市ヘノ偏重集積ヲ排シ地方分散コソ望マン」と謳っている。今日、二十一世紀の大学のあり方として、地域社会との連携の推進が各方面から提起されているが、愛知大学は、このような動きのはるか以前の設立当初から地域文化・社会への貢献を旨としてきたのであり、それはまさしく先見の明と言えるであろう。

三遠南信地域連携センターは、こうした伝統を基礎に、三遠南信（三河、遠州、南信州）地域を中心にさらに主体的な地域社会貢献を果たし、「新しい公共」の一角を担うことを目的として二〇〇四年に設立され、翌年には文部科学省の私立大学学術研究高度化推進事業（社会連携）に採択された。地域づくりデータベース・情報システムの整備、地域づくり学生サポーター制度等による人づくりなどその事業は多岐に及んでいるが、「知の共同体」として留意しなければならないのは、研究の成果に基づいた具体的な地域社会貢献であろう。

三遠南信地域連携ブックレットの刊行は、このような認識の下、地域を想い地域を創る人々と大学とのきずなを深めることを目的としている。地域づくりにとってなくてはならない読み物として、多くの人々に共有されていくことを切望してやまない。